PROGRAMME OFFICIEL

CIRCUIT DE L'EST

AMIENS - AVIATION

15, 16, & 17 Août 1910

PRIX : 0f 50

IMP. A. GRAU, AMIENS

Léon Maeght
JOAILLIER - ORFÈVRE
TÉLÉPHONE 4-51
OBJETS D'ART
Le plus beau choix de Brillants de la Région
Amiens
82, Rue des Trois-Cailloux

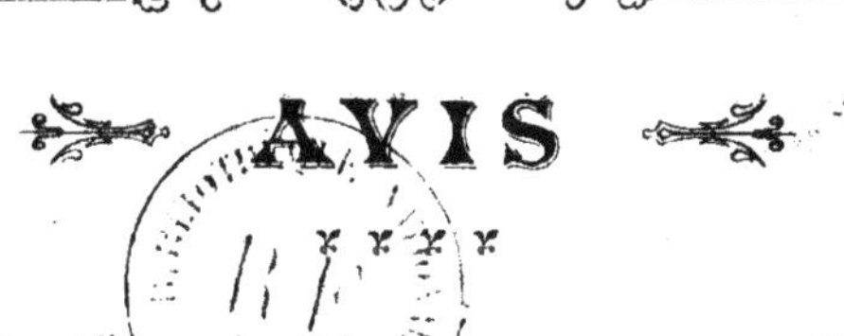

AVIS

M. GRAU, *éditeur du* PROGRAMME OFFICIEL, *offre, pour être attribué par le sort à l'un des Acheteurs du Programme,* **Un Appareil photographique 9 × 12, extra soigné.**

A cet effet, tous les Programmes porteront, sur l'une quelconque des pages de publicité, un numéro d'ordre.

C'est le numéro qui sortira au tirage qui gagnera l'Appareil.

Le tirage sera fait à l'issue des Fêtes, en présence des Membres du Comité.

Dans le cas où le lot ne serait pas réclamé dans un **délai de 15 jours,** *il sera attribué à l'un des numéros suivants qui auront été tirés en prévision.*

Les Acheteurs ont donc intérêt à conserver précieusement le Programme de cette grande manifestation aérienne.

Le Numéro gagnant sera communiqué aux Journaux d'Amiens et affiché chez M. HACQUART, rue des 3 Cailloux, *le Jeudi 18 courant.*

AUX SIX PROVENÇAUX

Grande Epicerie de choix - Primeurs, Volailles, Gibiers, Vins, Liqueurs

10-12, Place René-Goblet, AMIENS

SERVICE A DOMICILE - POUR LE DEHORS FRANCO A PARTIR **DE 25** FRANCS (SUCRE ET MARQUES EXCEPTÉS)

Demander le Prix-Courant général - Incessamment Téléphone

DÉPOT DE LA SÉLÉNA

Savon poudre spécial pour le Blanchissage du Linge

AMIENS - *Fabricants MM. KERNÈS, LEFRANC et Cie* - AMIENS

Afin de faire connaitre leur produit ces Messieurs offrent **1 boite de SÉLÉNA** échantillon aux 200 porteurs de programmes des nos 200 à 225, 300 à 325, 400 à 425, 500 à 525, 600 à 625, 700 à 725, 800 à 825, 900 à 925.

Par suite de la disparition d'un collègue M. AYMOND se tient à la disposition des Clients qui voudront bien l'honorer de leur confiance.

E. LASORNE
ET
A. DE LONGEVILLE

Matériaux de Construction

AMIENS, 365, Rue de la Voirie - (Téléphone 154)

1, Boulevard Voltaire, **ABBEVILLE**

(Téléphone 165)

PROGRAMME OFFICIEL

ÉTAPE D'AMIENS

DU

CIRCUIT DE L'EST-AVIATION

ORGANISÉE

à l'AÉRODROME DE LA CROIX-ROMPUE

Par la SOCIÉTÉ AÉRIENNE DE PICARDIE et le COMITÉ SPÉCIAL

Sous la Présidence d'honneur et le haut patronage de :

M. le Préfet de la Somme.

M. le Général Commandant le 2me Corps d'Armée.

M. le Maire de la Ville d'Amiens,

M. CAUVIN, Sénateur de la Somme.

M. MAQUENNEHEN, Sénateur de la Somme.

M. FIQUET, Sénateur de la Somme.

M. ROUSÉ, Sénateur de la Somme.

AMIENS 1910

COMITÉ DE LA S. A. P.

Président : M. René Ransson.
Vice-Présidt : M. M. Blériot.
Trésorier : M. Daney.
Secrétaire : M. G. Dian.
Membres : M. Rayez.
M. Sangnier.

Membres : M. Blondel.
M. M. Sydenham.
M. J. Ricquier.
M. R. Tattegrain.
M. P. Torchon.
M. Queulain.

⁂

COMITÉ D'ORGANISATION

Président : M. Boutmy.
Membres : M. R. Ransson.
M. Matrat.
M. M. Blériot.

Membres : M. Vasselle.
M. Vast.
M. Dian.
M. Rayez.

CIRCUIT DE L'EST

Course d'Aéroplanes du 7 au 17 Août 1910

Paris (Issy-les-Moulineaux)	7	Août	*Départ.*
Troyes	9	»	»
Nancy	11	»	»
Mézières-Charleville	13	»	»
Douai	15	»	»
	15	»	*Arrivée.*
AMIENS	16	»	*Meeting.*
	17	»	*Départ.*

Prix : **100.000** *francs offerts* par *LE MATIN.*
150.000 *francs offerts* par les Villes-Etapes.
Un Objet d'Art de **10.000** *francs* offert par la Ville de Paris.
Un Objet d'Art de **5.000** *francs* offert par M. Deutsch de la Meurthe.

LES ENGAGÉS DU CIRCUIT DE L'EST

✻ ✻ ✻ ✻ ✻

Leurs Numéros

1	NIEUPORT	(Nieuport 1).
2	BRÉGUET	(Bréguet 2).
3	MARTINET	(H. Farman 1).
4	DE BAEDER	(O. A.).
5	LATHAM	(Antoinette 2).
6	CHAMPEL	(Voisin 3).
7	NIEL	(Nieuport 2).
8	NOGUÈS	(Nieuport 3).
9	AUBRUN	(Blériot 2).
10	BRÉAL	(Voisin [illegible]).
11	LABOUCHÈRE	(Antoinette 1).
12	MÉTROT	(Voisin 1).
13	PICARD	(Savary 1).
14	BATHIAT	(Bréguet 1).
15	EFIMOFF	(Sommer 5).
16	BIÉLOVUCIC	(Voisin 2).
17	DEMOGEOT	(Avia).
18	CHATEAU	(Tellier).
19	MORANE	(Blériot 3).
20	KULLER	(Antoinette 3).
21	LEGAGNEUX	(Sommer 3).
22	LEBLANC	(Blériot 6).
23	NOEL	(Blériot 4).
24	WAGNER	(Hanriot).
25	SOMMER	(Sommer 6).
26	WEYMANN	(H. Farman 2).
27	SAVARY	(Savary 2).
28	BUSSON	(Blériot 5).
29	RIGAL	(Sommer [illegible]).
30	DAELLENS	(Sommer 2).
31	DE PISCHOFF	(de Pischoff).
32	WALLON	(Sommer 1).
33	LINDPAINTNER	(Sommer 4).
34	AUDEMARS	(Demoiselle Clément-Bayard).
35	MAMET	(Blériot [illegible]).

NOTA. — *Les Aviateurs porteront le numéro indiqué ci-dessus pendant tout le Circuit, de même qu'au cours des épreuves disputées dans chaque Ville.*

QUELQUES NOTES BIOGRAPHIQUES

SUR

Les Principaux Engagés du Circuit de l'Est

Hubert LATHAM

(Cliché de *La Vie au Grand Air*).

Le plus populaire peut-être des aviateurs du Circuit, monte un monoplan Antoinette. Débutait dans l'Aviation en mars 1909 et, deux mois après, battait le record Français de distance, en 1 h. 1' 3". Ses traversées de la Manche, où deux fois il échoua en vue des côtes Anglaises, sont encore présentes à la mémoire de tous. Triomphateur de la première Semaine de Champagne, il vola sur Berlin au Meeting Allemand. Il fut, à Blackpool, l'un des rares compétiteurs qui osèrent affronter la tempête.

Un jour, près de Chalons, Hubert LATHAM arrivait impromptu, en aéroplane, chez les amis qui l'avaient invité à la chasse, et le soir il rentrait à son hangar par la voie aérienne.

Cette année le vit partout et toujours en vainqueur. Il fut le premier homme volant à dépasser l'altitude de 1.000 mètres. Son nom est synonyme d'audace et de témérité.

* * * * *

Alfred LEBLANC

(Cliché de *La Vie au Grand Air*).

Avant d'être aviateur fut un passionné du ballon sphérique qui lui valut de grands succès. Débuta sur un Blériot, en 1909, et du même coup se plaça au premier rang. Cette année, à Reims, il fut premier des Eliminatoires de la Coupe Internationale et gagna la Course sur la Campagne.

Un énergique, de qui l'on peut tout attendre.

* * * * *

Edouard CHATEAU

Ingénieur et praticien, fut professeur de l'Ecole Voisin, dont il monta longtemps les appareils. Pilote ici un monoplan Tellier avec lequel il fit déjà de très beaux vols.

LINDPAINTNER

Champion du biplan Sommer. A volé, surtout à travers champs, en Champagne, dans les Ardennes. Très qualifié pour le Circuit de l'Est.

* * * * *

(Cliché de *La Vie au Grand Air*).

MORANE

Autre pilote de Blériot. Recordman du monde de la vitesse, à plus de 106 kilomètres à l'heure! Fit Paris-Orléans d'une traite. Alla, lors de la Semaine Normande, virer autour du clocher de la Cathédrale de Rouen.

Un spécialiste du vol plané.

* * * * *

WEYMANN

Monte un biplan H. Farman. Adroit et téméraire, est de ceux qui ne craignent rien. A débuté par un voyage aérien de Mourmelon à Reims.

* * * * *

MARTINET

Porte un nom prédestiné. Pilote de H. Farman, vint de Mourmelon à Paris et se classa 1er dans la Course Angers-Saumur.

* * * * *

BUSSON

Est cet aviateur qui, sur son Blériot, étonna Paris qu'il traversa dans sa longueur, le mois dernier, lors d'un voyage aérien de Port-Aviation au Bois de Boulogne. Planait sur la Ville de Rennes quelques jours plus tard.

* * * * *

DE PISCHOFF

Constructeur du bel appareil qu'il pilote, a commencé l'aviation il y a 5 ans. Triompha, cette année, au Meeting de Budapest.

LEGAGNEUX

Encore un aviateur de la première heure. Elève du regretté Capitaine Ferber, il monte aujourd'hui un biplan Sommer qu'il conduit avec une rare maëstria. Fut très remarqué au Meeting d'Anjou.

* * * * *

BRÉGI

Champion des Voisin. Revient de l'Amérique du Sud où il remporta de gros succès.

Caractéristiques des principaux Appareils engagés.

	Appareils.	Surface.	Envergure.	Largeur.	Poids.	Moteurs.	Force.
Monoplan	Blériot	14^{mq}	$8^{m}90$	$7^{m}20$	300^{k}	Gnôme	100 H-P
—	Antoinette	30^{mq}	15^{m}»»	12^{m}»»	450^{k}	Antoinette	50 H-P
—	Nieuport	14^{mq}	$8^{m}50$	7^{m}»»	230^{k}	Darracq	25 H-P
—	Hanriot	26^{mq}	$11^{m}70$	10^{m}»»	390^{k}	Clerget	50 H-P
—	Tellier	24^{mq}	$11^{m}70$	11^{m}»»	500^{k}	Panh.-Lev.	35 H-P
Biplan	Sommer	32^{mq}	$10^{m}50$	$12^{m}50$	330^{k}	Gnôme	30 H-P
—	Bréguet	38^{mq}	$12^{m}20$	9^{m}»»	500^{k}	Gnôme	50 H-P
—	Savary	40^{mq}	$7^{m}80$	10^{m}»»	550^{k}	E-N-V.	60 H-P
—	H. Farman	50^{mq}	10^{m}»»	12^{m}»»	450^{k}	Gnôme	50 H-P

PROGRAMME

15 Août 1910

Arrivée de l'Étape Douai-Amiens

NOTA. — Les départs successifs seront donnés de Douai à partir de 5 heures 1/2 du matin. Les guichets de l'Aérodrome de la Croix-Rompue seront ouverts à partir de 5 heures.

10.000 FRANCS DE PRIX

5.000 francs à l'aviateur ayant effectué le meilleur temps entre Douai et Amiens.
2.000 francs au second.
1.500 francs au troisième.
1.000 francs au quatrième.
500 francs au cinquième.

L'APRÈS-MIDI, VOLS D'ESSAI

Journée du 16 Août

CONCOURS SUR PLACE

10.000 FRANCS DE PRIX

1° **Prix du plus long vol sans escale** ***(20 kilomètres minimum).***

4.000 francs au premier. | **1.000 francs** au second.

Ces prix seront attribués, dans l'ordre, aux deux aviateurs ayant parcouru la plus grande distance en un seul vol sans escale.

2° **PRIX DE LA HAUTEUR**

2.000 francs à l'aviateur ayant atteint la plus grande altitude entre les heures fixées pour la durée du Concours.

3° **COURSE DE VITESSE**

20 kilomètres sans escale, par essais individuels.

2.000 francs à l'aviateur ayant accompli le meilleur temps sur 20 kilomètres.
1.000 francs au second.

NOTA. — La Fête du 16 Août commencera à 1 heure exactement; les guichets de l'Aérodrome seront ouverts à 11 heures.

Journée du 17 Août

Départs successifs de l'Étape Amiens-Paris

NOTA. — Ces départs individuels seront donnés à partir de 5 h. 1/2 du ***matin.***

AMIENS 1910

AFFICHAGE

Sur la tribune des juges, trois bandes porteront la mention des trois épreuves à disputer le 16 Août.

Sous chacune de ces bandes, les numéros des concurrents seront affichés dans l'ordre des départs. Exemple :

PRIX DE LA HAUTEUR
22

Se reportant au Programme, on lit : N° 22, LEBLANC, parti pour le Prix de la Hauteur.

Les épreuves terminées, les numéros seront placés sous les titres dans l'ordre du classement.

BRASSARDS

Brassards de Commissaires	**Rouges.**
» de Presse.	**Violets.**
» du Service d'Ordre.	**Blancs.**
» des Employés	**Verts.**

Ville d'Amiens

CONCOURS D'AVIATION DU 16 AOUT 1910

RÈGLEMENT

DISPOSITIONS GÉNÉRALES

ARTICLE PREMIER.

Les épreuves seront courues sous les règlements de la Commission Aérienne Mixte (Règlement de la Fédération Aéronautique Internationale) seuls applicables dans les cas non prévus par le présent règlement.

ARTICLE 2.

Différentes Epreuves et Prix.

Prix du plus long vol sans escale (20 kilomètres minimum).

4.000 francs au Premier.

1.000 francs au Second.

Ces prix seront attribués dans l'ordre aux deux Aviateurs qui auront parcouru en un seul vol sans escale la plus grande distance.

Prix de la Hauteur :

2.000 francs à l'Aviateur ayant atteint la plus grande altitude entre les heures fixées pour la durée du Concours.

Course de Vitesse (20 kilomètres sans escale par essais individuels) :

2.000 francs à l'Aviateur ayant accompli le meilleur temps sur 20 kilomètres.

1.000 francs au Second.

Note : En aucun cas, cette épreuve ne pourra faire double emploi avec le prix du plus long vol sans escale.

ARTICLE 3.

Toutes ces épreuves sont uniquement réservées aux Pilotes-Aviateurs engagés dans le Circuit de l'Est du *Matin* et qualifiés par les Fédérations reconnues par la Fédération Aéronautique Internationale.

Le même titulaire d'un engagement ne pourra gagner plusieurs prix dans une même épreuve, même avec des appareils différents.

ARTICLE 4.

Le Concours sera ouvert à partir de 1 heure, clos à 7 heures.

La Piste sera constituée par des pylônes placés aux angles d'un polygone ayant 1.500 mètres de tour.

Les commissaires sportifs auront le droit de remettre le départ de tout concurrent qui n'aura pas pris le départ dans le délai fixé au règlement particulier de chaque prix et indiqué aux Aviateurs en temps utile.

Les commissaires sportifs pourront limiter le nombre des appareils simultanément en piste.

ARTICLE 5.

Les distances et les temps seront toujours pris à partir de la bande de lancement qui devra être franchie en plein vol.

Dans le concours de distance, étant donné que le contrôle se fait toujours au dernier jalon franchi, l'avantage sera au concurrent ayant fait le meilleur temps sur le nombre de tours complet précédant le passage au dernier jalon constaté, s'il y a égalité de distance entre deux ou plusieurs concurrents.

Pour qu'un appareil ait franchi un jalon il faut que l'appareil tout entier ait traversé soit la ligne de départ, soit le côté du polygone dont le jalon en question forme le premier sommet.

ARTICLE 6.

Les départs seront donnés dans un enclos situé en face des hangars. Il ne sera tenu compte de la distance et du temps qu'après le passage du jalon de départ.

ARTICLE 7.

Dans toutes les épreuves et même pour les vols d'essai faits en dehors des concours, le Comité d'Organisation décline toute responsabilité pour tous dommages qui pourraient arriver avant, pendant et après, aux concurrents, à leurs employés et à leurs appareils, pour leur compte et pour le compte de qui il appartiendra et aussi pour tous dommages pouvant être causés au tiers dans leur personne et dans leur bien du fait des concurrents, de leurs employés ou de leurs appareils.

ARTICLE 8.

Les appareils des concurrents seront abrités par les soins du Comité d'Organisation dans des hangars construits à ses frais.

L'usage en est gratuit et limité au logement de l'appareil.

ARTICLE 9.

Les concurrents devront rendre les hangars dans l'état où ils les auront reçus. Toutes détériorations seraient réparées à leurs frais.

ARTICLE 10.

Pour être valable, toute réclamation devra être faite par écrit et conformément au règlement de la Commission Aérienne Mixte et de la Fédération Aéronautique Internationale.

ARTICLE 11.

Dans les prix de Distance et de Vitesse, le départ sera donné aux concurrents dans l'ordre indiqué par les commissaires.

Tout concurrent qui n'aurait pas pris le départ dans un délai de deux minutes devra laisser la place au concurrent suivant.

Dans le prix de la Hauteur les commissaires auront le droit d'imposer à chaque concurrent de prendre à bord un enregistreur d'altitude fourni par les soins du Comité.

x x x x

CODE DE L'AIR.

Au cours des essais et pendant toute la durée des épreuves les concurrents devront se conformer strictement au *Code de l'Air* adopté par l'Aéro Club de France.

POSTES ET TÉLÉGRAPHES

L'Administration des Postes et Télégraphes a fait installer, dans l'enceinte des Tribunes, un Bureau comprenant le Télégraphe, le Téléphone et la Poste.

⁂ ⁂

CONCERTS

Pendant la matinée du 15 et les après-midi des 15, 16 et 17 Août, des Concerts seront donnés par la *Fanfare des Sapeurs-Pompiers* l'*Harmonie municipale* et les *Musiques militaires.*

⁂ ⁂ ⁂

PRIX DES PLACES

15 AOUT

TRIBUNES : 5 francs. (La Carte est valable pour le matin et pour l'après-midi).

16 AOUT

TRIBUNES : 10 francs. (Ouverture des guichets à 11 heures. Concours à 1 heure. Il n'est pas délivré de contre-marques).

17 AOUT

TRIBUNES : 5 francs. (La Carte est valable pour le matin et pour l'après-midi).

PELOUSE : 1 franc par personne pour chacune des trois journées. (Il n'est pas délivré de contre-marques).

⁂ ⁂

SECOURS

Les secours aux blessés seront assurés par le Personnel du *Service d'Hygiène de la Ville d'Amiens* et les *Dames de la Croix-Rouge.*

⁂ ⁂

BUFFETS

Des Buffets seront installés dans toutes les enceintes. *(Voir ci-après).*

PLAN DES ÉTAPES DU CIRCUIT DE L'EST

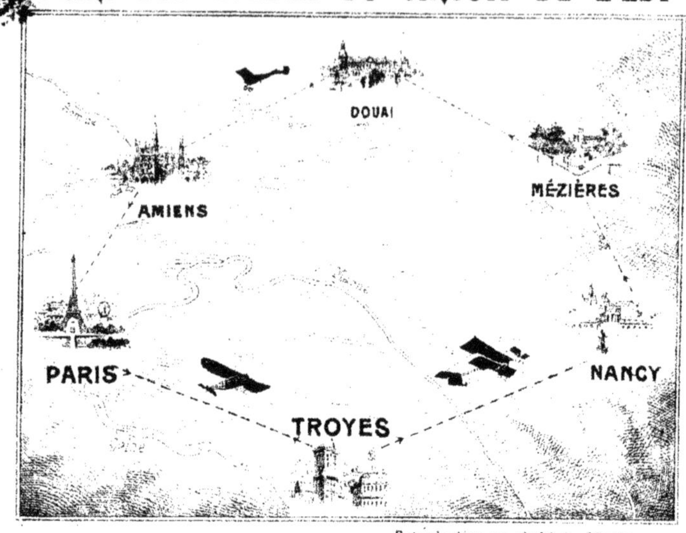

Reproduction du cliché du **Matin.**

SIGNAUX ET AFFICHAGE

En haut du grand mat situé à la tribune des Juges et Chronométreurs

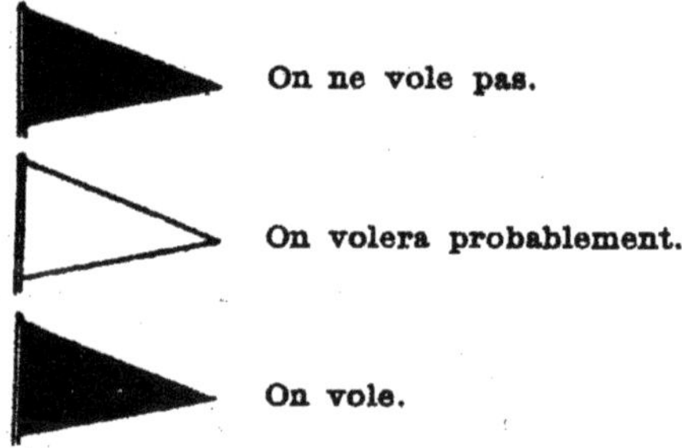

Pendant les Vols :

La flamme *noire* hissée sous la flamme *rouge*, signifie : **Appel aux mécaniciens ; Demande d'aide pour un appareil en panne.**

La flamme *blanche* hissée sous la flamme *rouge*, signifie : **Bon départ.**

IMPRIMERIE A. GRAU
Succʳ de PITEUX FRÈRES
AMIENS

www.ingramcontent.com/pod-product-compliance
Ingram Content Group UK Ltd.
Pitfield, Milton Keynes, MK11 3LW, UK
UKHW020222200726
13856UKWH00004B/1568

9 782011 274205